“追风人”青少年科普丛书

追风的人

金风科技　编著

科学普及出版社

·北　京·

图书在版编目（CIP）数据

追风的人 / 金风科技编著. —北京：科学普及出版社，2022.8

（“追风人”青少年科普丛书）

ISBN 978-7-110-10435-4

Ⅰ. ①追… Ⅱ. ①金… Ⅲ. ①风—青少年读物 Ⅳ. ① P425-49

中国版本图书馆 CIP 数据核字（2022）第 068990 号

策划编辑	邓　文
责任编辑	梁军霞
装帧设计	中文天地
插画绘制	熙芽文化　东言创意　陈志伟　袁子祺
责任校对	张晓莉
责任印制	李晓霖

出　　版	科学普及出版社
发　　行	中国科学技术出版社有限公司发行部
地　　址	北京市海淀区中关村南大街 16 号
邮　　编	100081
发行电话	010-62173865
传　　真	010-62173081
网　　址	http://www.cspbooks.com.cn

开　　本	710mm × 1000mm　1/16
字　　数	150 千字
印　　张	6.75
版　　次	2022 年 8 月第 1 版
印　　次	2022 年 8 月第 1 次印刷
印　　刷	北京盛通印刷股份有限公司
书　　号	ISBN 978-7-110-10435-4 / P · 229
定　　价	38.00 元

编 委 会

主　编　武　钢　周云志

副主编　于永纯

编委会（按姓氏笔画排序）

马莉鹏　王　栋　孙　宇　齐琳超　任　伟
李　帅　李天楷　汪景烨　阿丽菲娜·保拉提别克
陈永兴　苗　兵　姚贵宾　敖　娟　高　飞
韩文婷　谭　颖

序

200 多年前，人类从农耕时代，进入了工业化时代，并开始大规模使用煤炭、石油、天然气等化石能源，人类的生活越来越便捷舒适。然而，随着地球上的人口越来越多、经济社会飞速发展，人类生活排放的温室气体就像一张巨型的棉被，使地球不能顺畅呼吸，越来越热。

在我们生活的现代社会里，有这么一群人，他们一生都在寻找风、捕获风、研究风和利用风，他们称自己为“追风人”。追风人发现了地球“发烧”的秘密，为了拯救地球，他们接受了一项代号为“3060”的神秘任务，开启了神秘的追风行动，他们想用清洁绿色的风来驱动机器、点亮城市、照亮我们的生活……

追风人整装出发，踏上了寻找破解温室气体排放问题的征程。一路上，追风人会带你爬山涉水，领略大自然的神奇。你会发现大气层的秘密，了解大气环流，结识季风，感知山谷风、海陆风和焚风，并尝试和各种风进行交流。

你会在山海的尽头，偶遇一个可爱的大块头，他会和你分享自己捕风的经历，或许还会向你讲述他与 2008 年北京奥运会和 2022 年北京冬季奥运会的故事，这样你就能更加直观地理解“张北的风点亮北京的灯”的确切含义。在大块头的带领下，你会走进神秘的巨人风阵、与追风人一起探讨驭风术、听他讲驭风者的故事、重温“捕风者”的发现之旅。

经历了野外艰难的探寻、寻求真理路上的困惑与争执，追风人最终如愿找到理想的黄金风场，从一台风机，到一个场站、一条产业链，最后到整个电力系统，清洁环保的风能得以大规模运用，“3060”任务赋予追风人的神圣使命在风中找到了答案。

零碳未来，起于风，但又不止于风！风不止，追风人就不会停下探寻的脚步！亲爱的小朋友，追风人的故事，你会一直听吗？或许，有一天你也会成为故事里的人……

金风科技董事长

目录

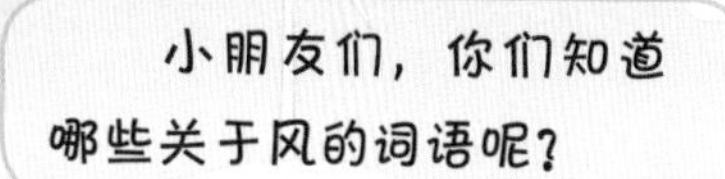
小朋友们，你们知道哪些关于风的词语呢？
和风细雨、凉风习习、微风拂面、风调雨顺……
东风浩荡、乘风破浪……
秋风送爽、寒风凛冽、狂风怒号、春风化雨……
嘿嘿……
小朋友们知道得还挺多，我要乘胜追击看看他们是否知道我！
暴风疾雨、风吹云散……

世界上有哪些与风有关的职业呢？
天气预报播音员、气象专家、造风车的人、放风筝的人……
唉！好吧……
就知道你们不会说到我，还是让我来启发一下你们吧！

其实，有一种职业叫风资源工程师。
嗯，我知道“工程师”这个词可能对于你们来说有点过于严肃了，更别说“风资源工程师”了。
我们更喜欢叫自己“追风人”，你们认为追风人会是什么样子呢？
会追着风跑，会在天上飞……
Goldwind
······
凌
乱
Goldwind

有时候……

为了寻找到自己心目中的黄金风场，我是风餐露宿、不修边幅、敢于上山下海的

追风人！

有时候……

我是科学严谨、热情执着，为了一个技术难点，甚至一个数据，不断寻求真理又乐此不疲的

追风人！

还有的时候……

我是穿上正装稍显木讷，但给客户讲起专业知识又自信满满的

追风人！

你如果想问哪一个是真正的我，似乎哪一个都是我，哪一个又都不全是我。

因为追风的人是一个集体，是一群迎风起舞的人！

1

编号 3060

谁动了地球的“敏感神经”

科学研究表明，地球气候系统中存在着17个“气候敏感成员”，这些成员如同地球的“敏感神经”。

“敏感神经”被激活将导致气候效应的“正反馈机制”发生作用，同时它们之间又存在关联，一旦被突破还将触发一系列的“级联效应”，推动更多的“敏感成员”越过临界点，加剧全球气候恶化，严重威胁人类生存发展与文明存续。

地球上哪些系统对气候变化更敏感

气候系统某些成员的变化可能主要发生在某个区域，但是其范围可能达到1000千米以上的次大陆尺度，会对半球甚至全球的气候造成影响，对于这种可能发生本质性变化的气候成员一般称之为临界成员，这些成员往往对气候变化更为敏感。

作为临界成员通常要满足4个条件：一是有一个阈值参数；二是这个参数与人类活动导致的气候变化有关；三是这个参数一旦达到某个临界点，该气候成员状态将发生质的变化；四是这种变化将对自然系统和社会经济系统产生重要影响。

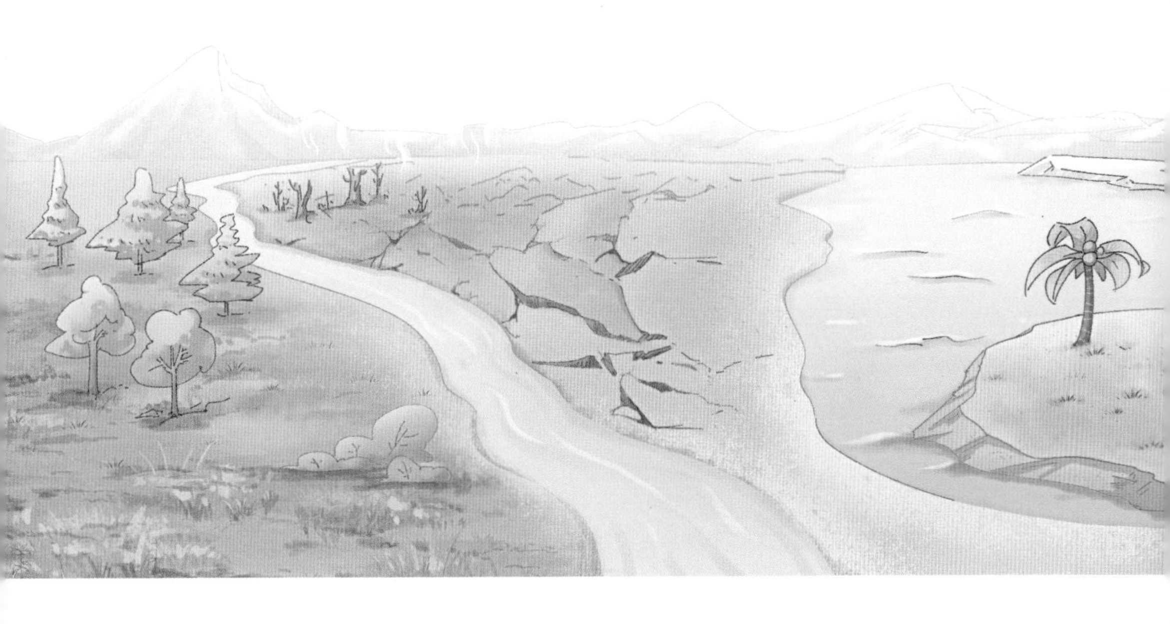

地球系统中有17个这样的气候敏感成员，分别是：北极夏季海冰、格陵兰冰盖、海洋甲烷水合物、多年冻土、喜马拉雅冰川、南极西部冰盖、大西洋经向翻转环流、北美西南部干旱、印度夏季风、西非季风、厄尔尼诺—南方涛动、北半球（北美）森林、北半球（欧亚大陆）森林、亚马孙热带雨林、冷水区珊瑚礁、热带珊瑚礁、南大洋海洋生物碳泵。其中，前6个属于冰冻圈气候要素，中间5个属于大气和海洋环流气候要素，最后6个属于生物圈气候要素。

对于这些成员的变量、影响参数、阈值点和影响程度的认识有些已经比较清楚，如格陵兰冰盖，主要变量为冰量，影响参数为温度，临界点为3℃，时间范围为大于300年消融，将使全球海平面高度上升2～7米。但有些成员变化的机理尚不清楚。

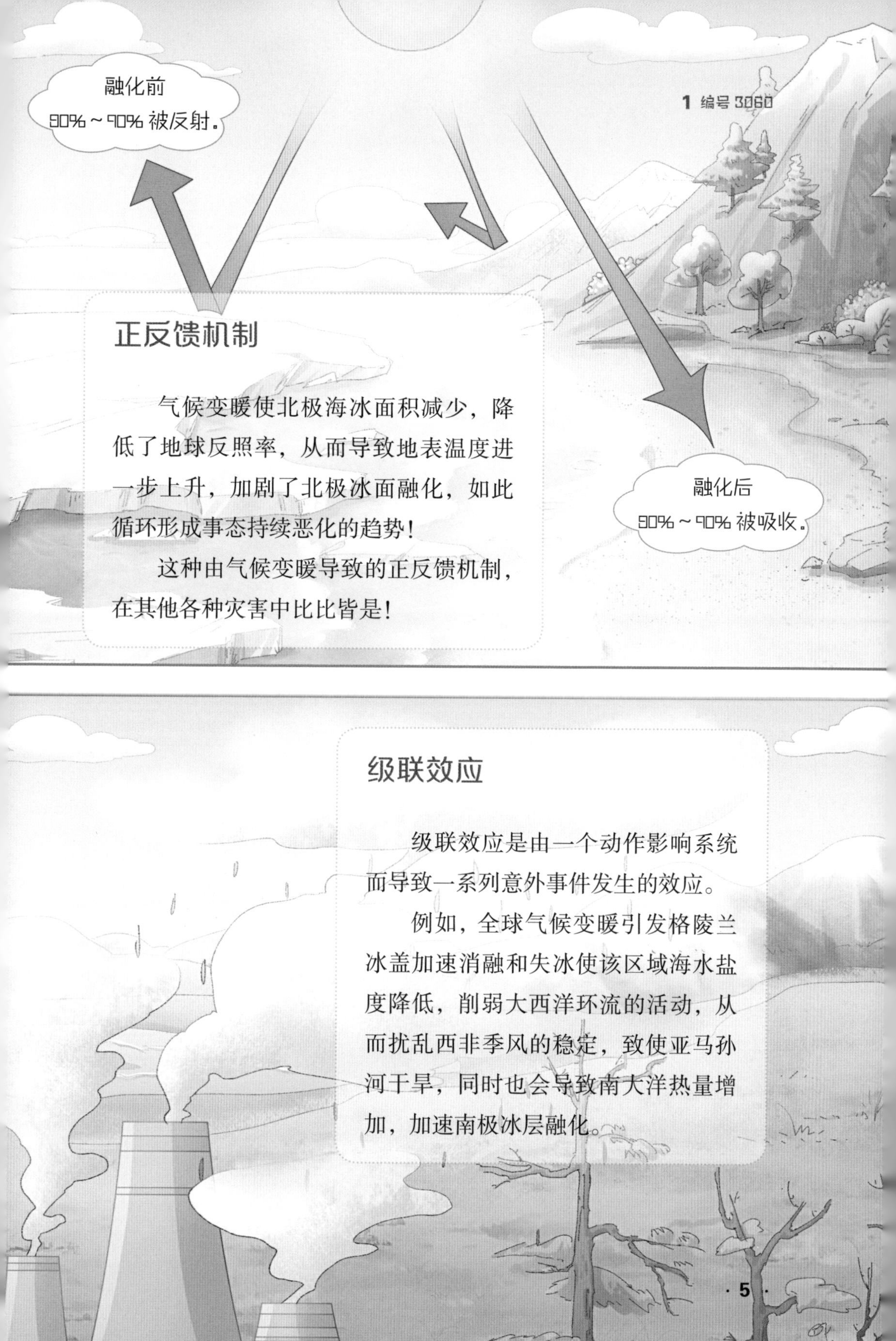

正反馈机制

气候变暖使北极海冰面积减少，降低了地球反照率，从而导致地表温度进一步上升，加剧了北极冰面融化，如此循环形成事态持续恶化的趋势！

这种由气候变暖导致的正反馈机制，在其他各种灾害中比比皆是！

级联效应

级联效应是由一个动作影响系统而导致一系列意外事件发生的效应。

例如，全球气候变暖引发格陵兰冰盖加速消融和失冰使该区域海水盐度降低，削弱大西洋环流的活动，从而扰乱西非季风的稳定，致使亚马孙河干旱，同时也会导致南大洋热量增加，加速南极冰层融化。

快速变暖的地球

据“今日俄罗斯”电视台报道，当地时间2020年6月20日，在位于北极圈内的俄罗斯西伯利亚小镇维尔霍扬斯克测得38℃的高温，打破了北极圈内有记录以来的最高温度纪录。

温室效应

世界各国科学家通过长期的观测和探索研究，证实了温室气体排放与全球气候变化之间存在着直接关系。

大气中的温室气体不断增多，就好像给地球裹上了一层厚厚的被子，使地表温度逐渐升高。

其原理是，太阳短波辐射穿过大气层到达地面，地表受热后向外放出的大量长波热辐射却被大气吸收，这样就使地表与低层大气温度增高，因其作用类似于栽培农作物的温室，故名温室效应。

生物灭绝

全球升温正在悄然改变地球生物多样性

气温对一些爬行与两栖类动物的孵化结果具有决定性的影响，孵化温度可以决定后代的性别。如对某些海龟来说，当孵化温度大于 29℃时，孵化出的多数幼龟为雌性；当孵化温度小于 27℃时，孵化出的多数幼龟为雄性。对扬子鳄来说，当孵化温度为 28.5℃时，孵出的幼鳄皆为雌性；当孵化温度为 33.5 ~ 35℃时，孵出的幼鳄皆为雄性。也就是说，在气温持续升高的大背景下，某些龟类和鳄鱼可能面临着灭绝的威胁。

气候变化对生物多样性的影响是全方位的，包括对基因多样性、物种多样性和生态系统多样性的影响。

一些共生、寄生及食物链上的物种，由于各个物种对温度的敏感性不同，可能会导致长期进化形成的种间关系紊乱。

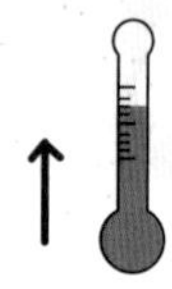

信件编号：3060

来信时间： 2020 年 9 月 22 日

发 信 人： 中华人民共和国

收 信 人： 地球村全体居民

信件内容：

中国将提高国家自主贡献力度，采取更加有力的政策和措施，二氧化碳排放力争于 2030 年前达到峰值，努力争取 2060 年前实现碳中和。

“碳达峰”与“碳中和”

碳达峰，即碳排放达峰，指在某个时间点，二氧化碳等温室气体的排放不再增长、达到峰值，之后逐步回落。碳达峰是二氧化碳等温室气体的排放量由增转降的历史拐点，目标包括达峰时间和峰值。

碳中和，即净零碳排放，指国家、企业、团体或个人在一定时间内直接或间接产生的二氧化碳等温室气体的排放总量，通过植树造林、节能减排、产业调整等形式，抵消这部分碳排放，达到“净零排放”的目的。

CO2

“碳达峰”与“碳中和”的碳是专指二氧化碳吗?

CH_4

这里的“碳”并非单指二氧化碳，而是包括以二氧化碳为代表的若干种主要的温室气体。

HFCs

温室气体主要包括二氧化碳（CO_2）、甲烷（CH_4）、氧化亚氮（N_2O）、氢氟碳化合物（HFCs）、全氟碳化合物（PFCs）和六氟化硫（SF_6）等。

人类生产、生活等活动产生的这些温室气体排放，将会导致温室效应，对地球的生存环境造成严重影响。

减少碳排放

不同种类的温室气体对地球温室效应的影响程度不同，为了统一衡量这些气体排放对环境的影响，联合国政府间气候变化专门委员会提出了二氧化碳当量这一标准，将各种温室气体统一换算为二氧化碳当量。比如，1 吨甲烷的二氧化碳当量是 25 吨。

“碳达峰”“碳中和”中的“碳”即为二氧化碳当量。

温室气体对地球有用吗?

温室气体可以阻挡部分太阳光反射回太空，使地球保持在适合生物居住的温度范围内，就如我们人类穿一件衣服给自己保暖一样，这对人类及其他数以百万计的物种生存至关重要。

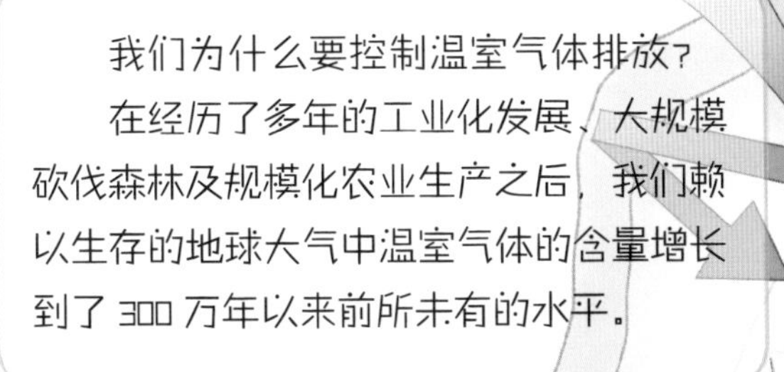

我们为什么要控制温室气体排放？
在经历了多年的工业化发展、大规模砍伐森林及规模化农业生产之后，我们赖以生存的地球大气中温室气体的含量增长到了 300 万年以来前所未有的水平。

据统计，仅在过去的 200 年里，人类就向大气层排放了数万亿吨的二氧化碳，目前全球每年二氧化碳排放量大约为 370 亿吨。

随着人口的增长、经济的发展和人类生活水平的提高，人类活动所造成的温室气体排放总量还在持续增加。

科学研究表明，地球大气中温室气体的浓度直接影响全球平均气温。自工业革命以来，温室气体浓度持续上升，全球平均气温也随之增加。大气中含量最多的温室气体是由焚烧化石燃料得到的二氧化碳，约占总量的 2/3。

发布状态：已发布

任务接收人：不确定

任务编号：3060

任务关键词：可持续、更美好

任务发布方：中华人民共和国

2

追风人的一天

翟工，看到最新发布的“3060任务”清单了吗？有什么想法？
看到了，我还在琢磨这个任务清单是不是跟那封信有关联。
是啊，武工。我也觉得这个任务清单就是针对那封编号3060的来信设计的！
Goldwind
而且，我觉得二者都跟我们这个团队有关系。看来，我们有必要开会讨论一下了！
于工，你负责召集大家到智慧楼九层会议室，我们在专家讲座开始前加一个短会！
收到！

Goldwind
碳达峰、碳中和
清洁能源、绿色发展

实现碳中和没有捷径可走，重点在于从根本上减碳去碳，调整能源结构，大力开发风能、水能、太阳能等可再生清洁能源，进一步提高零碳能源占比。

本期专题
中国“碳中和”之路该怎么走
授课老师
中国气候问题专家——潘教授

碳中和，可再生能源大有可为

数据显示，当前中国能源行业碳排放占全国总量的 80% 以上，电力行业碳排放在能源行业中的占比超过 40%。据测算，到 2060 年，中国直接电力消费占整体能源消费的 70%，加上间接电力消费，这个比例将达到 90%。

实现“双碳”目标，能源是主战场，电力是主力军，大力发展风能、太阳能等新能源是关键。随着未来的风能、太阳能等可再生能源发电占比越来越高，我们迫切需要发展以新能源为主体的新型电力系统，助力碳中和目标早日实现。

预计到 2025 年，我国可再生能源发电装机占总发电装机的 50% 左右，可再生能源年发电量将占社会用电量增量的 50% 以上，我国能源结构将持续向清洁、低碳、高效转型。

任务状态：已接受！
任务接收人
追风人团队
行动口号
为人类奉献碧水蓝天，给未来留下更多资源
任务目标
寻找更加清洁、可持续的新能源，实现绿色发展，助力中国“碳中和”目标早日实现
任务范围
中华人民共和国境内

Goldwind

3

追风行动

初印象——生活中的风

在山间，受森林水汽蒸腾的影响，清晨，风从山谷飞扬到山巅之上；晚上，风又从峻岭潜伏至坡下。晨昏间“山谷风”的变化经常左右樵夫的山行路线。

在连绵的雪山之上，无论何时，风常常卷着雪一路沿着冰川向下吹去，“冰川风”有时会在峰顶（尤其在喜马拉雅山脉北侧）拉出一条细长的白色“哈达”，形成独具魅力的风雪旗云。

当风跨越山脊，背风面因空气下沉易产生干热的风，这就是“焚风效应”。欧洲的阿尔卑斯山脉、北美洲的落基山脉、欧亚大陆的高加索地区经常出现“焚风”，所到之处草木干枯、土地龟裂。太行山脉的焚风效应正是河北省高温、干旱、雾霾频现的原因之一。

在平原，空气流动时快时慢，风便忽大忽小，丝丝袭来、缕缕送爽的“阵风”虽没什么破坏力，但也常扰乱我们的思绪。当空气因电荷不均瞬间形成垂直旋涡时，“旋风”便不期而至，时而平地而起，时而悄然散去。在积雨云下形成的强涡旋风暴则成了“龙卷”，无论是陆龙卷还是海龙卷，所到之处便一团糟。

受“反信风”影响，北纬 30° 至北纬 35° 的高原内陆地带降水少且变率大，气温高而温差大，蒸发强却湿度小，因此在世界上形成了一条奇特的沙漠带。而像中国这样面朝大海、背靠大陆的东亚地区，冬季北风从冰冷的大陆吹向温暖的海洋，夏季南风从清凉的海洋吹向燥热的内陆，显著的季风性气候让这里常年冬干夏湿。

在滨海地区，因陆地与海洋的温度差，白天风从海面来，夜间风从陆地走，昼夜交替间的规律变化便是“海陆风”。

经常出海航行的人发现，北半球经常吹东北风，南半球经常吹东南风，高度执着、坚守承诺的“信风”（贸易风）定期从副热带高压向赤道吹去，找到了规律，远洋航行便是一件相对简单的事情了。当海风在热带海洋上形成大范围的大气涡旋时，可怕的台风（飓风）便可能在沿海登陆，海上漂泊的船只在受热带气旋影响的区域随时可能遭受暴风雨的洗礼，有时超强台风带来的损失不亚于一场局部战争。

空气的水平运动称为风。风是一个表示气流运动的物理量，它不仅有数值的大小（风速），还具有方向（风向），因此风是向量。

风向是指风（气流）的来向，地面风向常用16个方位表示，高空风向常用方位度数表示，即以0°（或360°）表示正北，90°表示正东，180°表示正南，270°表示正西。在16个方位中，每相邻方位间的角差为22.5°。

风速是空气在单位时间内移动的水平距离，风速的观测资料有瞬时值和平均值两种，一般使用平均值。风速单位常用米/秒（m/s）和千米/时（km/h）等表示。

风是如何来的

风的形成是空气流动的结果，一般指空气相对地面的水平运动。太阳辐射则是大气运动能量的来源。

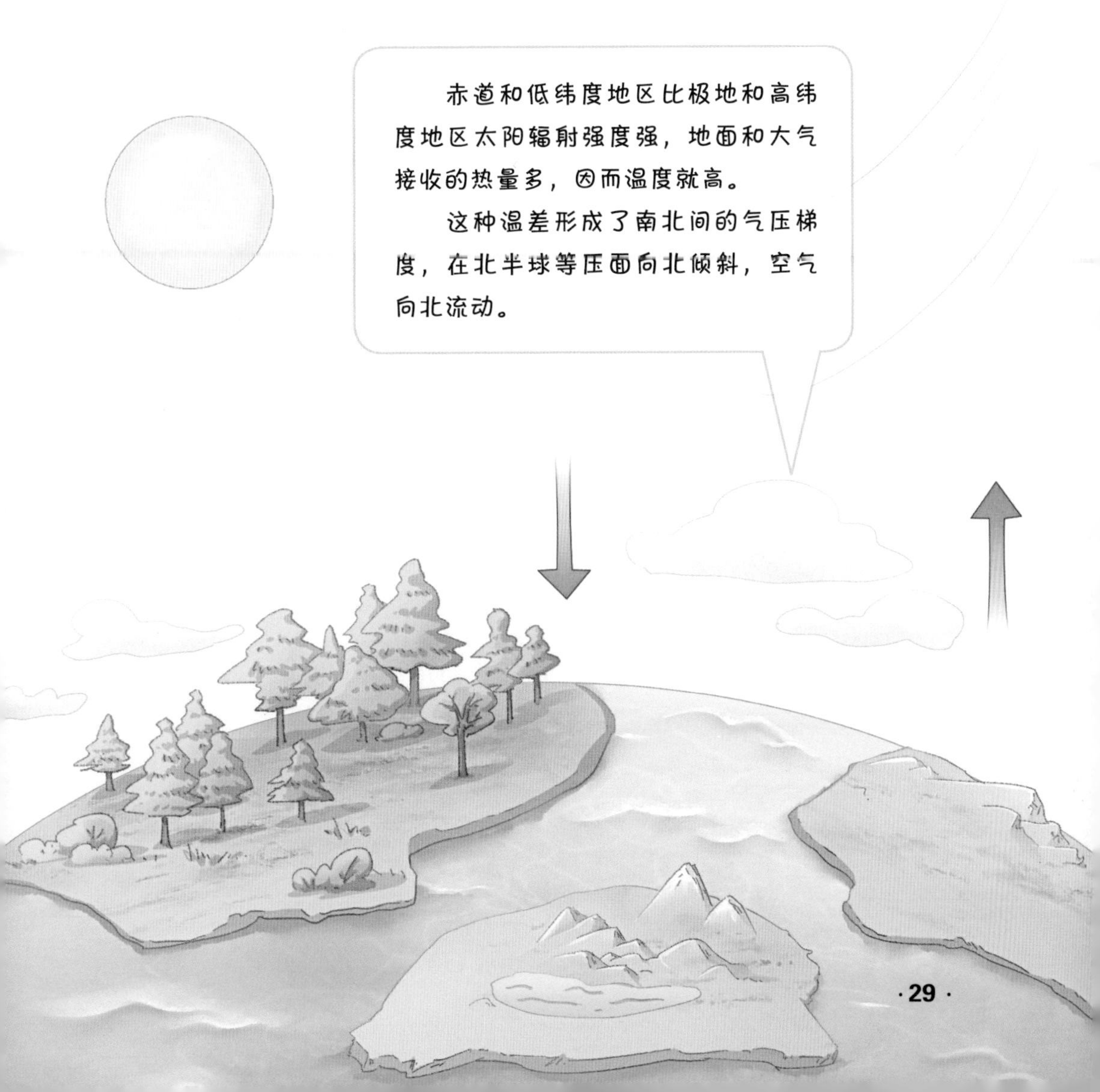

赤道和低纬度地区比极地和高纬度地区太阳辐射强度强，地面和大气接收的热量多，因而温度就高。
这种温差形成了南北间的气压梯度，在北半球等压面向北倾斜，空气向北流动。

由于地表有平地、山川、湖泊、海洋之分，在太阳光的照射下，各地的温度也不一样。

在温度高的地方，空气受热变轻，开始向高空移动，此时地面空气变得稀薄，于是附近温度相对较低的空气就会流过来，填补本地空气流失的空白，而上升的热空气遇冷变重又会进一步下沉，如此循环就产生了风。

你知道吗？地球和我们人类一样，也穿着“衣服”呢！那就是天上的大气层，它对风的形成可谓至关重要。

下面就跟随追风人一起走进大气层的世界吧！

什么是大气层

地球的“衣服”是由各种气体组成的，这些气体就是我们赖以生存的空气。空气中不仅包括我们熟悉的氧气、二氧化碳，还有氮气和少量其他气体。

这些将地球团团围住的气体被称为大气层，按照距离地球的远近，大气层分为对流层、平流层（内含臭氧层）、中间层、热层和散逸层。

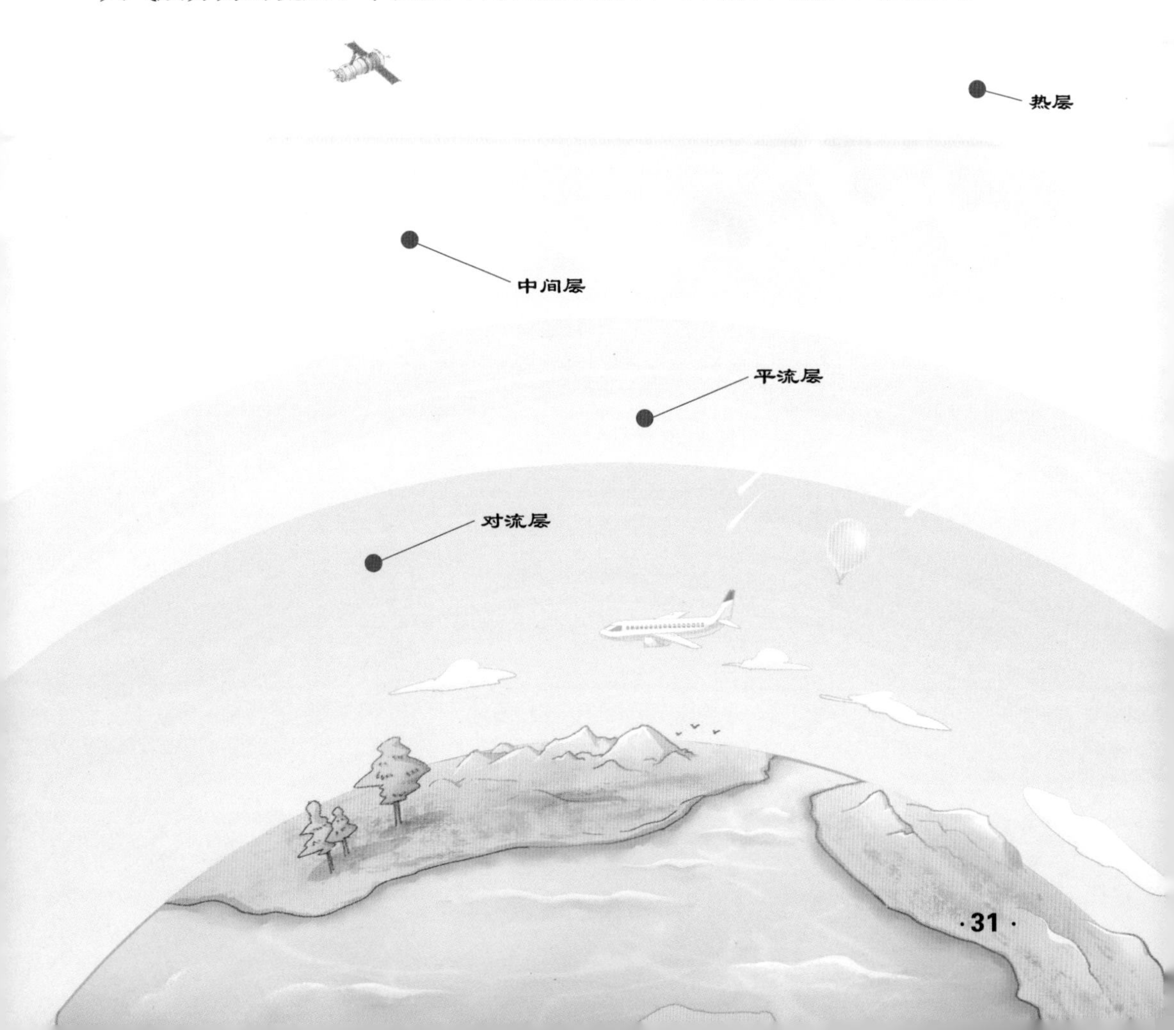

什么是气压

气压是作用在单位面积上的大气压力。气压大小与高度、温度等条件有关，一般随高度增加而减小。

在水平方向上，大气压的差异引起空气的流动。

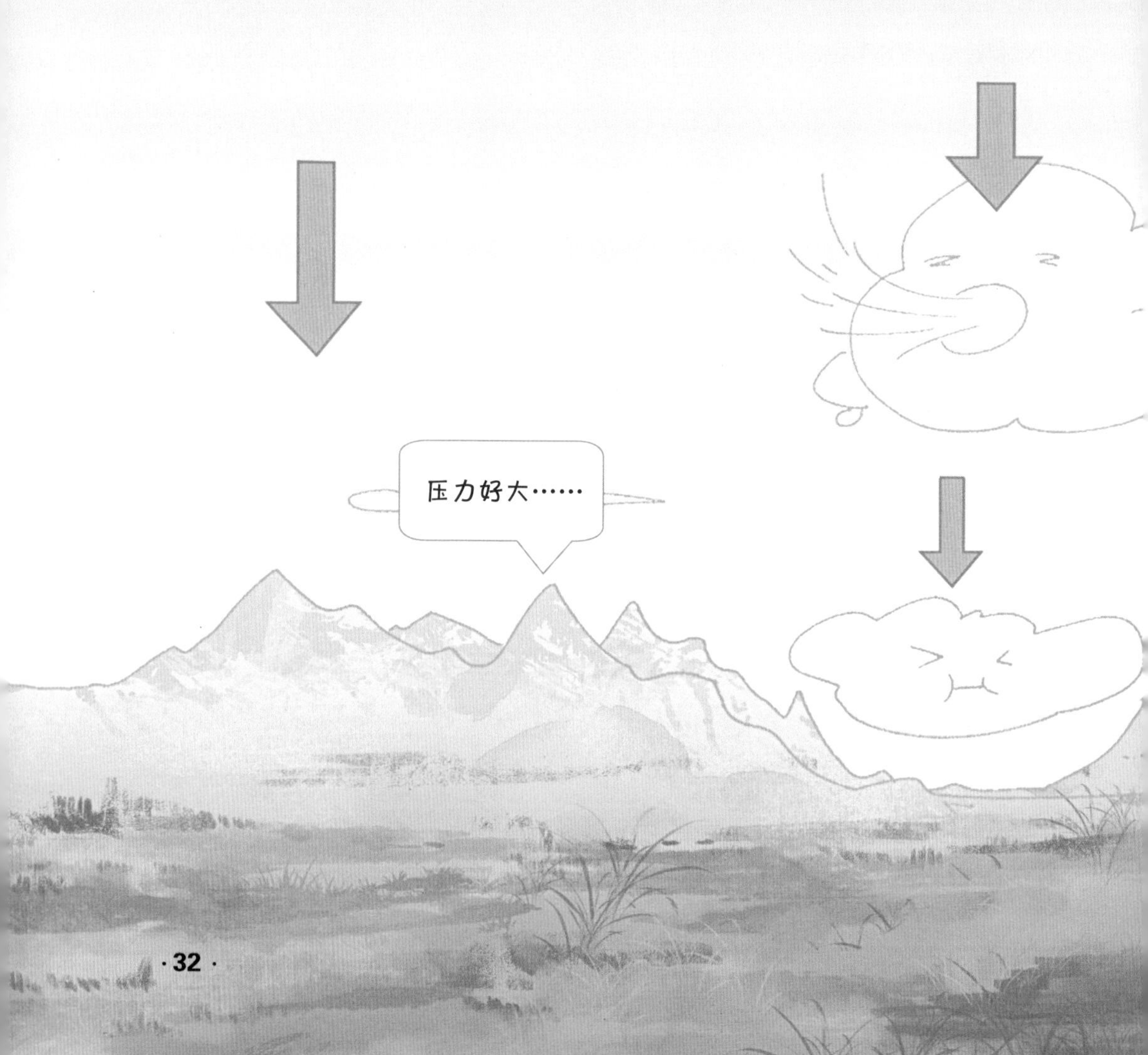

一个标准大气压等于760毫米高的水银柱产生的压强，它相当于1平方厘米面积上承受1.0336千克重的大气压力。

由于各国所用的重量和长度单位不同，因而气压单位也不统一。为便于对全球的气压进行比较分析，国际上统一规定用“百帕”作为气压单位，1个标准大气压等于1013百帕。

大气环流

大气环流一般指具有世界规模的、大范围的大气运行现象，既包括平均状态，也包括瞬时现象，其水平尺度在数千千米以上，垂直尺度在10千米以上，时间尺度在数天以上。

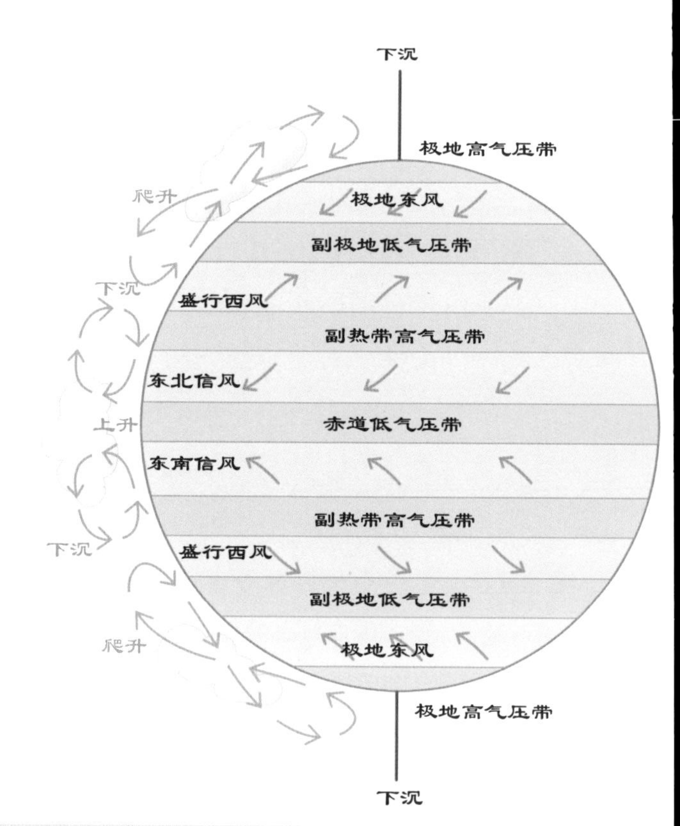

由于日地距离和方位不同、地表海陆分布不均，地球上各纬度所接受的太阳辐射强度也就各异，地球表面受热不均引起大气层中空气压力不均衡，从而形成地面与高空的大气环流。

大气环流的影响因素与形成原理

海陆分布、太阳辐射和地理纬度是影响大气环流的三大因素。就全球而言，海洋占地球总面积的 71%，陆地仅占 29%，海陆分布是形成现代大气环流的根本因素。

大陆和海洋的热力学性质不同，引起海陆表面热状况的差异，在大陆和海洋之间便产生了冬夏方向相反的空气流动。

夏季，大陆上的空气为“热源”，并形成一个热低压系统，而海洋上的空气则为“冷源”，因而低空气流自海洋流向大陆。

冬季则相反，大陆为“冷源”，并在近地面形成一个冷高压中心，而海洋为“热源”，所以低空气流从大陆流向海洋。

高压

低压

风的分类

季风

在一个大范围地区内，盛行风向或气压系统有明显的季节变化，这种在一年内随着季节不同，有规律转变风向的风，称为季风。

季风盛行地区的气候又称为季风气候。

季风明显的程度可用一个定量参数来表示，称为季风指数，通常以1月（代表冬季）和7月（代表夏季）地面盛行风的频率表示。

低压

高压

全球明显季风区主要分布在亚洲东部和南部、东非的索马里、西非的几内亚湾沿岸、澳大利亚北部和东南部沿岸、北美洲东南部和南美洲巴西东岸等地。

亚洲东部的季风区主要包括中国的东部、朝鲜、日本等国家和地区；亚洲南部的季风以印度半岛最为显著。

海陆风

海陆风的形成原理与季风相同，也是由大陆与海洋之间温度差异的转变引起的，只不过海陆风的范围小，以日为周期，势力也较薄弱。

由于海陆物理属性的差异，造成海陆受热不均，白天陆上增温比海洋快，空气上升，而海洋上空气温度相对较低，使得地面有风自海洋吹向大陆，补充大陆地区上升气流，而陆上的上升气流流向海洋上空并下沉，补充从海上吹向大陆的气流，形成一个完整的热力环流；夜间环流的方向正好相反，所以风从陆地吹向海洋。

这种白天由海洋吹向大陆的风被称为海风，夜间从陆地吹向海洋的风被称为陆风，而一天中海陆之间的周期性环流被总称为海陆风。

在沿湖地区日间自湖面吹向陆地的风，称为湖风；夜间自陆地吹向湖面的风，称为陆风，合称为湖陆风。

山谷风

白天，山坡接受太阳光热较多，空气增温较多，而山谷上空同高度上的空气因离地较远，增温较少。山坡上的暖空气不断上升，并从山坡上空流向谷底上空，谷底的空气则沿山坡向山顶补充，这样便在山坡与山谷之间形成一个热力环流。

下层风由谷底吹向山坡，称为谷风。

到了夜间，山坡上的空气受山坡辐射冷却影响，空气降温较多，而谷底上空同高度的空气因离地面较远，降温较少。于是山坡上的冷空气因密度大，顺山坡流入谷底，谷底的空气因汇合而上升，并从谷底上空向山顶上空流去，形成与白天相反的热力环流。

下层风由山坡吹向谷底，称为山风。

山风和谷风总称为山谷风。山谷风风速一般较小，谷风比山风大一些，谷风一般为 2 ～ 4 米 / 秒，有时可达 6 ～ 7 米 / 秒。谷风通过山隘时，风速加大。山风一般仅为 1 ～ 2 米 / 秒，但在峡谷中风力还能增大一些。

焚风

当气流跨越山脊时，背风面因空气下沉产生一种热而干燥的风，这种风被称为焚风。焚风通常在山岭两面气压不同的条件下出现。

当山岭的一面为高气压，另一面为低气压时，空气会从高气压区向低气压区流动，但因受山岭阻碍，空气被迫上升，气压降低，空气膨胀，温度也随之降低。空气每上升 100 米，气温则下降约 0.6℃。当空气上升到一定高度时，水汽遇冷凝结，形成雨水。

空气到达山脊附近后，则变得稀薄干燥，然后翻过山脊，顺坡而下，空气在下降的过程中变得紧密且温度逐渐增高。空气每下降 100 米，气温会上升约 1℃。因此，空气沿着高大的山岭沉降到山麓时，气温常会有大幅度的提升。

迎风和背风的两面即使高度相同，背风面空气的温度也总是比迎风面的高。当背风山坡刮起炎热干燥的焚风时，迎风山坡常常会下雨甚至降雪。

风是什么样的

什么了无踪迹，但又如影随形？什么虚无缥缈，却又变化万千？那便是“去来固无迹，动息如有情”的风了。

风是大自然的骄子，在太阳辐射热的“蛊惑”下，借助地球旋转与水汽蒸腾凝结，气压梯度力搅得空气不停运动，空气中的物质被迫不停地在高、低气压间相互输送，颠沛流离间便孕育了风的诞生与成长。

有的风仅能吹动柳絮和蒲公英的小伞，有的风却能将大树连根拔起，明明都是风，它们的差别为何如此之大？我们应该用什么标准来衡量风的大小呢？

风力

自然界的风时大时小，是因为风力不同。

风力是指风吹到物体上所表现出的力量的大小，它与当地太阳的照射角度、热量的分布、周围的环境（树林、山地、湖泊等）、地表的建筑及其形状等有关。

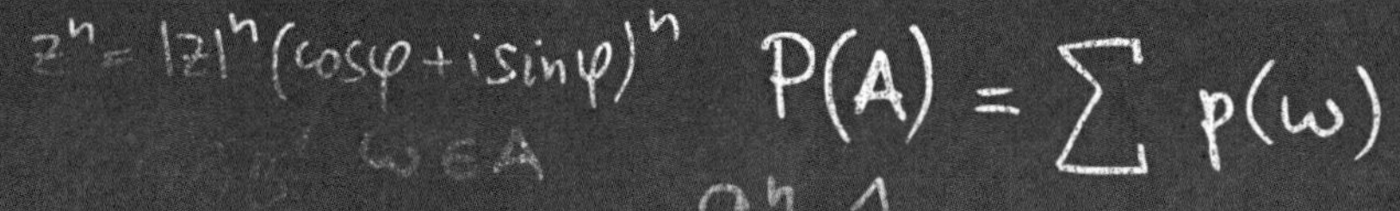

风力等级

风力等级是风强度（风力）的一种表示方法。英国人弗朗西斯·蒲福（Francis Beaufort）根据不同风速对地面物体的影响程度，于1805年将风的大小分为13个等级，故称“蒲福风级”。

1946年扩充到18个等级（0 ~ 17级）。除了加入强台风、超强台风等海洋风暴外，对风速定义与唐代李淳风相差无几。

而我们平时在天气预报中听到的“东风3级”等说法指的就是“蒲福风级”。

蒲福风力等级

风级	风的名称	风速（m/s）	风速（km/h）	陆地现象	海面现象
0	无风	0～0.2	<1	静，烟直上	平静如镜
1	软风	0.3～1.5	1～5	烟能表示风向，但风向标不能转动	微浪
2	轻风	1.6～3.3	6～11	人面感觉有风，树叶有微响，风向标能转动	小浪
3	微风	3.4～5.4	12～19	树叶、微枝摆动不息，旗帜展开	轻浪
4	和风	5.5～7.9	20～28	吹起地面灰尘、纸张和树叶，树的小枝微动	轻浪
5	清风	8.0～10.7	29～38	有叶的小树枝摇摆，内陆水面有小波	中浪
6	强风	10.8～13.8	39～49	大树枝摆动，电线呼呼有声，举伞困难	大浪
7	疾风	13.9～17.1	50～61	全树摇动，迎风步行感觉不便	巨浪
8	大风	17.2～20.7	62～74	微枝折毁，人向前行感觉阻力甚大	猛浪
9	烈风	20.8～24.4	75～88	建筑物有损坏（烟囱顶部及屋顶瓦片移动）	狂涛
10	狂风	24.5～28.4	89～102	陆上少见，见时可使树木连根拔起，建筑物损坏严重	狂涛
11	暴风	28.5～32.6	103～117	陆上很少，有则必有重大损毁	风暴潮
12	台风	32.7～36.9	118～133	陆上绝少，其摧毁力极大	风暴潮
13	台风	37.0～41.4	134～149	陆上绝少，其摧毁力极大	海啸
14	强台风	41.5～46.1	150～166	陆上绝少，其摧毁力极大	海啸
15	强台风	46.2～50.9	167～183	陆上绝少，其摧毁力极大	海啸
16	超强台风	51.0～56.0	184～201	陆上绝少，范围较大，强度较强，摧毁力极大	大海啸
17	超强台风	≥56.1	≥202	陆上绝少，范围最大，强度最强，摧毁力超级大	特大海啸

注：本表所列风速是指平地上离地10米处的风速值。

地球上的风集中在哪里

据科学计算，整个地球所蕴含的风能约为 2.74 亿兆瓦，可利用的风能约为总量的 1%，是地球上可利用水能的约 11 倍。

地球上可供利用的风能每年大约有 200 亿千瓦，目前还有大量潜在的风能资源待开发。

世界气象组织（WMO）对全球风能资源进行了评估，并给出了风能资源分布图，评估报告将全球风能分为 10 个等级。就全球而言，在 50 米高度处，密度大于 30 瓦 / 平方米的风能，即作为有利用价值的风能，全球约有 2/3 的地区能够达到。

风能资源最好的国家和地区包括：

欧洲

爱尔兰、英国、荷兰、斯堪的纳维亚半岛、俄罗斯、葡萄牙、希腊

非洲

摩洛哥、毛里塔尼亚、塞内加尔西北海岸、南非、索马里、马达加斯加

美洲

巴西东南沿海、阿根廷、智利、加拿大、美国沿海地区

亚洲

印度、日本、中国、越南沿海地区、西伯利亚

风为什么喜欢在中国安家

中国独特的宏观地理位置和微观地形地貌决定了中国风能资源分布的特点。

中国位于亚洲东部、太平洋西岸，处于世界最大的大陆（欧亚大陆）与最大的大洋（太平洋）之间，西南部又有被称为“世界屋脊”的青藏高原，海陆之间热力差异巨大，季风气候非常显著。

中国北方地区和南方地区分别受大陆性和海洋性气候影响，季风现象明显。

北方地区主要为温带季风气候，冬季寒冷干燥，夏季炎热多雨。

南方地区主要为亚热带季风气候，冬季温和少雨，夏季高温多雨。

中国季风环流的形成

中国位于亚洲东部，东亚季风和南亚季风对中国天气气候变化都有很大的影响。

形成中国季风环流的因素很多，主要包括海陆差异、行星风带的季节转换及地形特征等。

（1）海陆差异

海洋的热容量比陆地大得多。在冬季，陆地比海洋冷，大陆气压高于海洋气压，气压梯度力自大陆指向海洋，风从大陆吹向海洋；夏季则相反，陆地很快变暖，海洋相对较冷，陆地气压低于海洋气压，气压梯度力由海洋指向大陆，风从海洋吹向大陆。

中国东临太平洋，南临印度洋，
冬夏的海陆温差大，所以季风明显。

（2）行星风带的季节转换

地球上共有 6 个风带，东北（南）信风带、盛行西风带、极地东风带，在南北半球是对称分布的。这 6 个风带在北半球的夏季都向北移动，而冬季则向南移动。

这样冬季西风带的南缘地带在夏季可以变成东风带。因此，冬夏盛行风向就会发生 180° 的变化。

在冬季，中国主要在西风带的影响下，强大的西伯利亚高压笼罩着全国，盛行偏北风。在夏季，西风带北移，中国在大陆热低气压控制之下，副热带高压也北移，盛行偏南风。

（3）地形特征

青藏高原约占中国陆地面积的 1/4，平均海拔在 4000 米以上，对周围地区具有热力作用。

在冬季，高原上温度较低，周围大气温度较高，易形成下沉气流，从而加强了地面高压系统，使冬季风增强。

在夏季，高原相对于周围大气是一个热源，加强了高原周围地区的低压系统，使夏季风得到加强。

另外，在夏季，西南季风由孟加拉湾向北推进时，会沿着青藏高原东部的南北走向的横断山脉流向中国的西南地区。

中国的风能

中国大部分地区处于北半球中纬度地带，陆地最南端纬度约为北纬 18°、最北端纬度约为北纬 53°，南北陆地约跨 35 个纬度，东西跨 60 个经度以上。

在大气环流的影响下，主要受副极地低压带、副热带高压带和赤道低压带的控制，北方地区主要受中高纬度的西风带影响，南方地区主要受低纬度的东北信风带影响。

风能储备

中国气象局多次对全国风能资源进行调查，利用全国 900 多个气象台、站的实测资料得出了全国离地面 10 米高度层上的风能资源量。

中国的风能资源总储量为 32.26 亿千瓦，陆地实际可开发量为 2.53 亿千瓦，近海可开发和利用的风能储量为 7.5 亿千瓦。

风能分布（按陆地与海洋的距离划分）

中国可分为东部沿海地区，东南部沿海地区，南部沿海地区，中部内陆地区，西北部、北部和东北部内陆（三北）地区。

各区域风能分布概况如下：

包括东北三省、内蒙古、甘肃、青海、西藏、新疆等省（自治区）近 200 千米宽的地带在内的“三北”地区，由于纬度较高，受西风带控制，同时冬季又受到北方高压冷气团影响，主风向为西风和西北风，风力强度大、持续时间长，可开发利用的风能储量约 2 亿千瓦，约占全国陆地可利用储量的 79%。

这些地区海拔较高，风能衰减小，没有破坏性风速，同时地形平坦，交通方便，是中国连成一片的最大风能资源区，有利于大规模开发风电场。

中国东南部沿海地区由于内陆丘陵连绵，风能丰富带多分布在距海岸 50 千米之内。

东南部沿海地区与台湾岛在台湾海峡地区形成独特的狭管效应，而该地区又正处于东北信风带，冬春季的冷空气、夏季的台风，都能影响到沿海及其岛屿。

该地区主风向与台湾海峡走向一致，因此风力在该地区明显加速，风力增大，风能资源丰富，是中国风能丰富区，如台山市、平潭县、东山岛、南鹿村、大陈镇、嵊泗县、连江县、东沙群岛等地，年可利用小时数约在 7000 ~ 8000 小时，具有较好的风能开发价值。

根据第三次全国风能资源评价结果，青藏高原腹地、云贵高原等海拔在 3000 米以上的高山地区，也属于风能资源相对丰富区之一。

中国南部沿海地区在东北信风带和夏季热低压的影响下，主风向为东风和东北风，由于夏季低压的气压梯度较弱，因此风力不大，风能较小。

中国东部沿海地区基本上处于副热带高压控制区，气压梯度小，同时该地区又受海洋性气候影响，大风持续时间短且不稳定，风能资源开发潜力较小。

中国中部内陆地区由于所处地理位置条件的限制，冬季来自北方的冷空气难以到达这里，夏季受海洋性气候的影响较小，同时由于该地区地势地形复杂及地面粗糙度变化较大，不利于气流的加速，因而风能资源比较匮乏。

但是在一些地区由于湖泊和特殊地形的影响，风能资源也较丰富。

4

追风人的困惑

到“三北”地区、东南沿海地区等风能资源丰富区大力建设集中式风力发电场，放弃其他地区。
Goldwind
不能盲目开发，应充分考虑风电的消纳问题，防止大规模弃风限电情况的发生，根据用电缺口及需求寻找可供开发的风场。
东部沿海、中部地区，乃至西部山区更加需要清洁风能，可以通过寻找特殊地形下的优良风场，选用适应低风速、高海拔、高寒地区的风力发电机（又名风机），来解决这些地区的风力发电需求。

追风的人

集中式
风电场

让每一缕风都有用武之地!

分散式
风电场
智能
微网

5

不期而遇的缘分

一封久违的家书

幺儿：

家中一切安好，勿念！

总书记提出“绿水青山就是金山银山”，我们很受鼓舞，现在家乡父老正在齐心协力打造属于我们自己的“美丽乡村”，我们家房前的指天椒红了，你小时候常爬的牛头岭上也开满了各色的花……

前几天县里来人了，听说要开发我们家屋后的山……

算算，你也有两年没回家了吧？希望你工作不忙的时候可以回家看看……

一则令人振奋的新闻

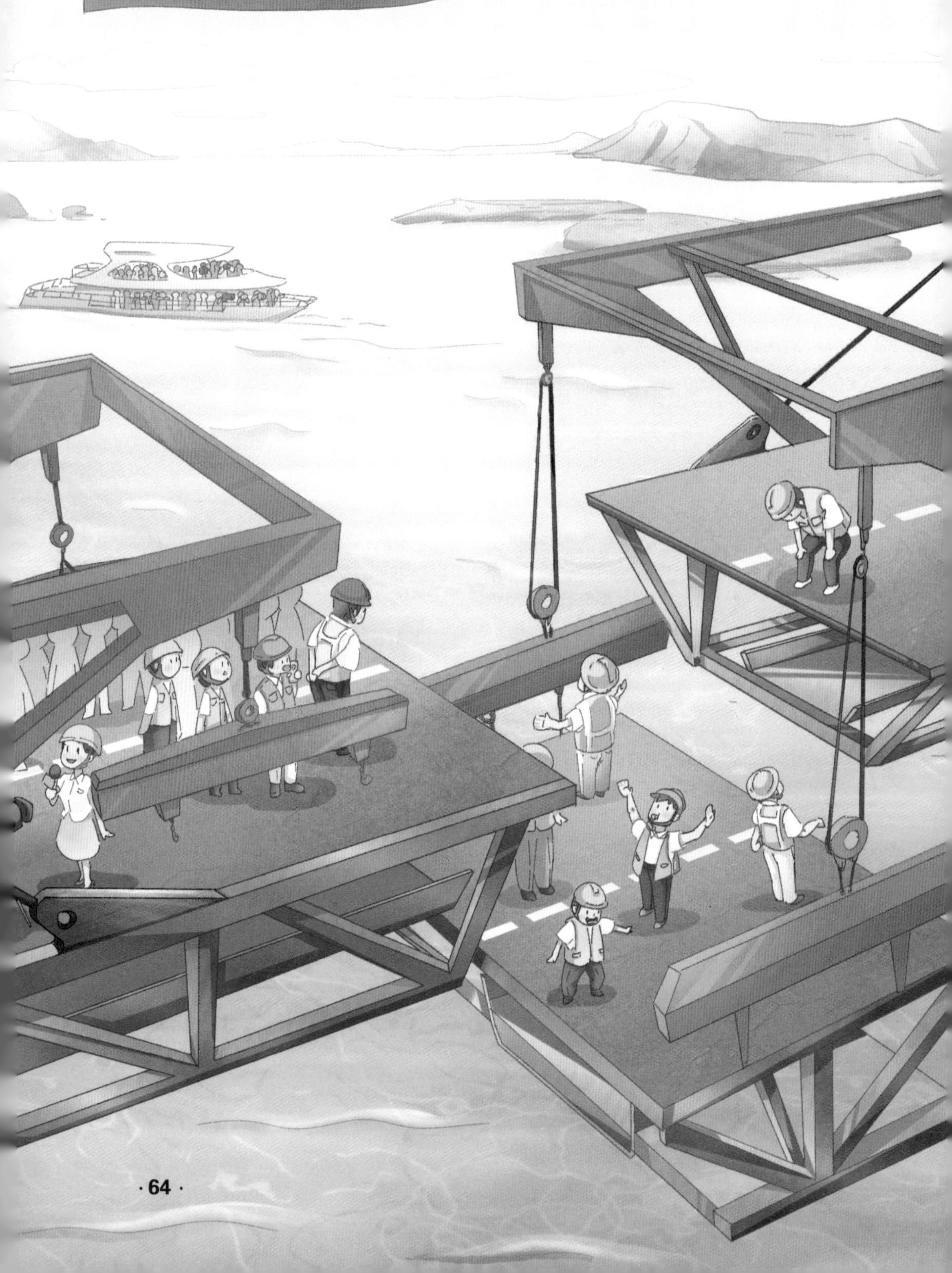

马上就到国庆节了，我们前期的工作也告一段落，大家可以安排一下自己的假期行程，带家人一起去放松一下，同时也为后续的工作找找灵感。

我呢，还真是对平潭海峡公铁大桥充满了好奇，打算假期去那里感受一下。韦工，你有什么打算？

汪工，其实我也对平潭海峡公铁大桥充满兴趣，不过家里来信了，而且我也很久没回家了，我决定回去好好陪陪父母，顺便再爬爬牛头岭，以后那里如果开发了，还不知道会变成什么样子呢！

我呢，决定带着未婚妻再去趟青海，陪她感受一下我们祖国西北的大好风光！
青海湖

6

寻找黄金风场

如约而至

国庆小长假如期来临，追风人小队暂时放下手中的工作，踏上了轻松的休假之旅。

但大家都明白，那场队伍内部的争论必须要尽快解决。看似轻松的背后，其实蕴藏着追风人的执着与坚持，以及势必要尽快找到黄金风场并完成“3060号任务”的坚定信念！

近乡情怯

天等县位于广西壮族自治区的西南部，地处北纬 22° 51′ ~ 23° 23′，东经 106° 45′ ~ 107° 23′，位于北回归线以南。距首府南宁市 183 千米，距中越边境 45 千米，东接隆安、平果县，南接大新县，西接靖西县，西北靠德保县，北接田东县。

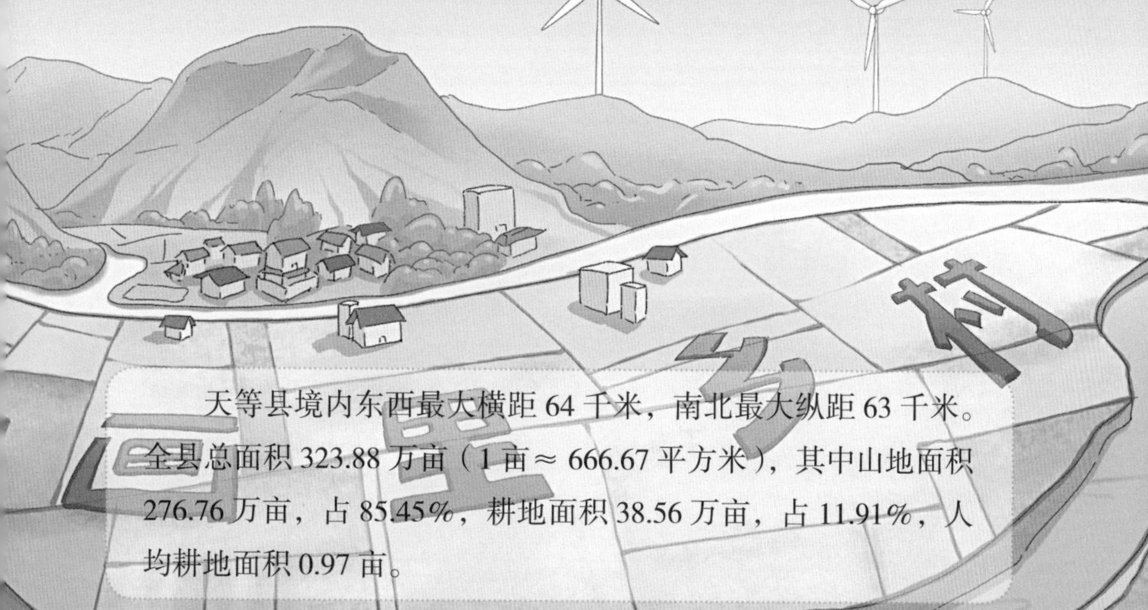

天等县境内东西最大横距 64 千米，南北最大纵距 63 千米。全县总面积 323.88 万亩（1 亩 ≈ 666.67 平方米），其中山地面积 276.76 万亩，占 85.45%，耕地面积 38.56 万亩，占 11.91%，人均耕地面积 0.97 亩。

作为一个从大山里走出来的风资源工程师，我一直有一个梦想，希望有一天可以亲手将风机“种”到门前的大山上，让阿妈推窗就可以感受风、看见光、看到爱与希望。

风电场宏观选址原则

风电场宏观选址，就是在一个较大的地区内，通过对若干场址的风能资源和其他建设条件的分析与比较，确定风电场的建设地点、开发价值、开发策略和开发步骤的过程。

- **满足环境保护要求**
- **风能资源丰富、风能质量好**
- **符合国家产业政策和地方发展规划**
- **满足接入电网要求**
- **具备交通运输和施工安装条件**
- **满足投资回报要求**

陆上风电场宏观选址技术标准

风能质量

风向稳定（一般要求有一个或两个盛行主风向），风速变化小，风机高度范围内垂直切变较小，湍流强度较小

气象条件

温度，气压，湿度，有无灾害性天气

地形与交通

地理位置，海拔，地形，交通情况

工程地质情况

施工难易程度，有无灾害性地质

接入电网系统情况

是否靠近电网，电网容量如何等

环境因素

对环境的不利影响小

社会经济因素

避开文物古迹、军事设施、自然保护区和矿藏

宏观选址方法与流程

备选场址的确定

中尺度数据及平台

现场调研

咨询当地气象部门，并搜集相关气象资料

听取当地居民的描述

察看有无风成地貌

察看是否存在风加速的地形——海陆风、山谷风、隆升地形、峡口地形

场址比选

风能资源：气候、风加速地形

相关气象条件：气温、沙尘、盐雾、雷电、冰雹、雨（雾）凇、台风

地形和交通条件：场内道路、施工平台、道路等级、桥涵承载能力

工程地质条件：基础施工难易程度、有无灾害性地质条件

接入系统条件：接入点与风电场距离、电网容量和规模

Goldwind

风吹牛头岭　五里一徘徊

明朝地理学家徐霞客曾用“石峰峭拔聚集如林”来描绘天等县的地形地貌，当地民间更是有“风吹牛头岭，五里一徘徊”的说法。

天等县以低山丘陵为主，自然风光秀丽多姿，但生态环境也相对比较脆弱。近年来，美丽乡村建设让这个聚居着壮、汉、瑶、苗、侗等民族人口的美丽小城迎来了发展的大好时机。

为了解决当地发展对于绿色能源的需求，追风人团队来到了美丽的天等县，开展科学测风行动。据历史可查气象数据，本地 30 年平均风速为 4.81 米 / 秒；根据 70 米测风塔数据，70 米高度年平均风速为 5.3 米 / 秒，推测 85 米高度年平均风速为 5.35 米 / 秒；经科学估算，50 年一遇 10 分钟最大风速为 20.8 米 / 秒。

追风人团队得出初步判断：天等县属于低风速区，风向较为集中，可以运用金风科技的低风速风机在本地建设风电场。

牛头岭距天等县城约 22 千米

场区地貌类型为山地丘陵，地面海拔高程为 300 米至 1030 米，牛头岭地处崇左市海拔最高的四城岭山脉，平均海拔 1000 米左右，山岭风速极佳，周边生态植被完好。

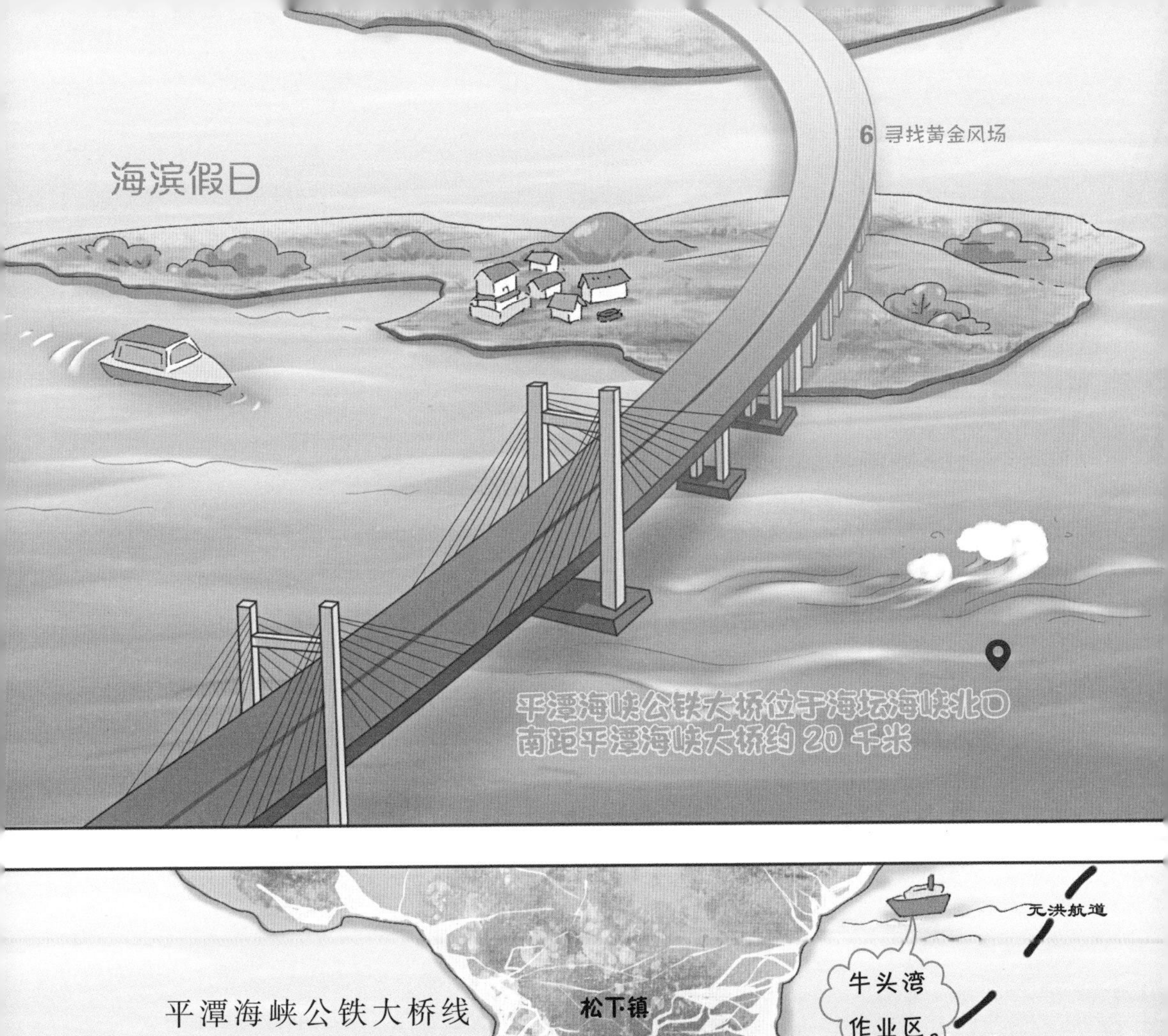

平潭海峡公铁大桥线路北起福州市长乐区松下收费站，上跨元洪航道、鼓屿门水道、大小练岛水道，途经人屿岛、长屿岛、小练岛、大练岛，南至平潭县苏澳收费站。途经该桥公路为长乐—平潭高速公路（国家高速 G3），途经铁路为福平铁路。

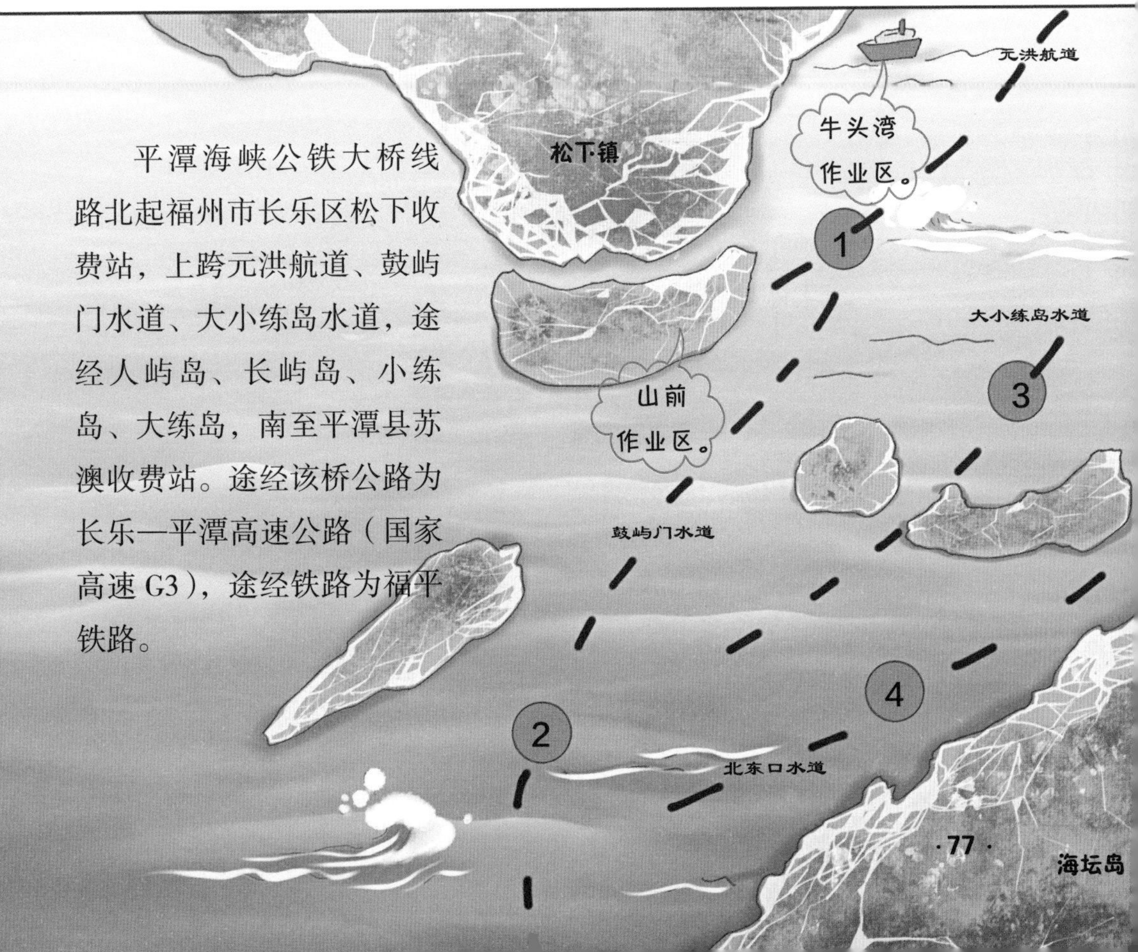

你们说，这是什么风，什么等级、什么风向……
海风呗！
这个人休假都不会好好放松，职业病又犯了！
海边的风真舒服啊！

你们说，这座大桥是不是缺少点什么？
桥都建好了，什么也不缺啊！
我是说，如果在这片区域立上一些风力发电机，是不是更完美？这样既可以给大桥照明，又是一道美丽的风景……
嗯，我突然有一个想法，我们能不能把风力发电机“种”到海里去？

科学判断

平潭海峡公铁大桥所在的地区存在明显的风加速地形——峡口和海陆受“狭管效应”影响，气流穿过台湾海峡时被压缩加速，使得大桥所在区域的风力较大，风能资源丰富。

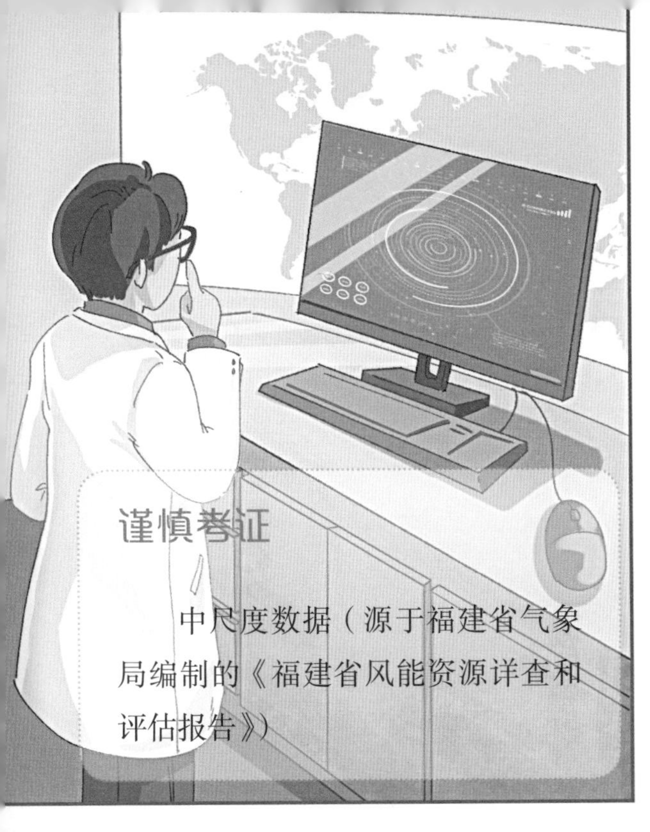
谨慎考证
中尺度数据（源于福建省气象局编制的《福建省风能资源详查和评估报告》）

海坛岛及所属岛屿均属于风能资源丰富区，风向稳定，是开发利用风能资源的优良场所。

还需要进一步的现场立塔测风。

海上风电场宏观选址技术标准

海上风电场的主要优点

海上风电场的风况通常优于陆地，这是由于风流过粗糙的地表或障碍物时，风速的大小和方向都会变化，而海面粗糙度小，离岸 10 千米的海上风速通常比沿岸陆上高约 25%。

海上风湍流强度小，具有稳定的主导风向，受噪声、景观影响、鸟类、电磁波干扰等问题的限制较少；海上风电场不占陆上用地，不涉及土地征用等问题。人口比较集中、陆地面积相对较小、濒临海洋的国家或地区较适合发展海上风电。

中国近海风电场特点

项目	海上风电场特点
发电指标	海面平坦，等效利用小时数高
装机容量指标	适用大型机组，3兆瓦以上机组
土地指标	不占用土地资源，海滩、海涂面积为1.27万平方千米
电网指标	接近用电负荷中心，东部12个省市用电量约占55%
成本指标	基础施工、设备安装等成本高
技术障碍	台风、盐雾、海浪、潮流等自然因素

遇见青海湖

小镇的风

夕阳下的小镇起风了，高原的风吹着号子，卷着或大或小的沙砾……

如果不是这恼人的西风，这里真有一种“大漠孤烟直，长河落日圆”的感觉！

我倒觉得这风够劲儿，有咱大西北的基因。

小欧，你说我们的婚礼在这里举行怎么样？
这就是你说的惊喜吗？怎么有点儿……
我是说，如果我能在这里“种”满风机……

立塔测风

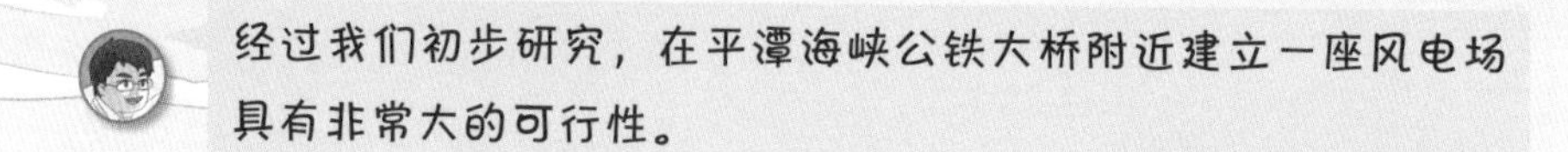

经过我们初步研究，在平潭海峡公铁大桥附近建立一座风电场具有非常大的可行性。

太好了，赶紧把风机“种”在这里吧！

哈哈，这个不能着急。为了更加准确地判断风电场选址区内的风能资源，还必须进行现场测风，以获得具有代表性、精确性和完整性的风能数据。

测风主要测什么？

风速、风向、风的紊乱性，即湍流强度、风切变等风参数……

那需要测多久呢？

测风塔现场测风通常需要至少一年的时间。此外，还要收集近30年的气象站数据、近30年的中尺度数据。

测风塔选址和安装原则

正确性

针对雷暴天气多，需要考虑避雷针的单独设计

针对场区潮湿、雾气严重，记录仪需要增加干燥剂且用密封箱密封，电缆密封件接线部位要做好防锈蚀处理等

代表性

位置代表性

时间代表性

可靠性

在测风过程中测风设备及其附属配件稳定可靠

测风塔安装、检修、维护有可靠的文本记录

测风塔维护及时

测风步骤

测风塔选址

测风塔的作用与结构

前期开发过程中，测风塔主要用于风电场的风能评估和微观选址；风电场投运后，测风塔主要用于风电场的气象信息实时监视和发电能力预测。

测风塔架主要有桁架式拉线塔架和圆筒式塔架等结构。目前国内主要采用桁架式拉线塔架。测风塔的安装地理位置可选在拟建风电场的中央或风电场的外围 2~3 千米处。

用于风能资源开发利用的测风塔架上搭载的设备主要是气象要素实时监测系统，包括多种气象要素测量传感器、数据采集模块、通信模块等，具备分层梯度测量和采集风电场微气象环境场内的风、温度、湿度、气压等气象信息。

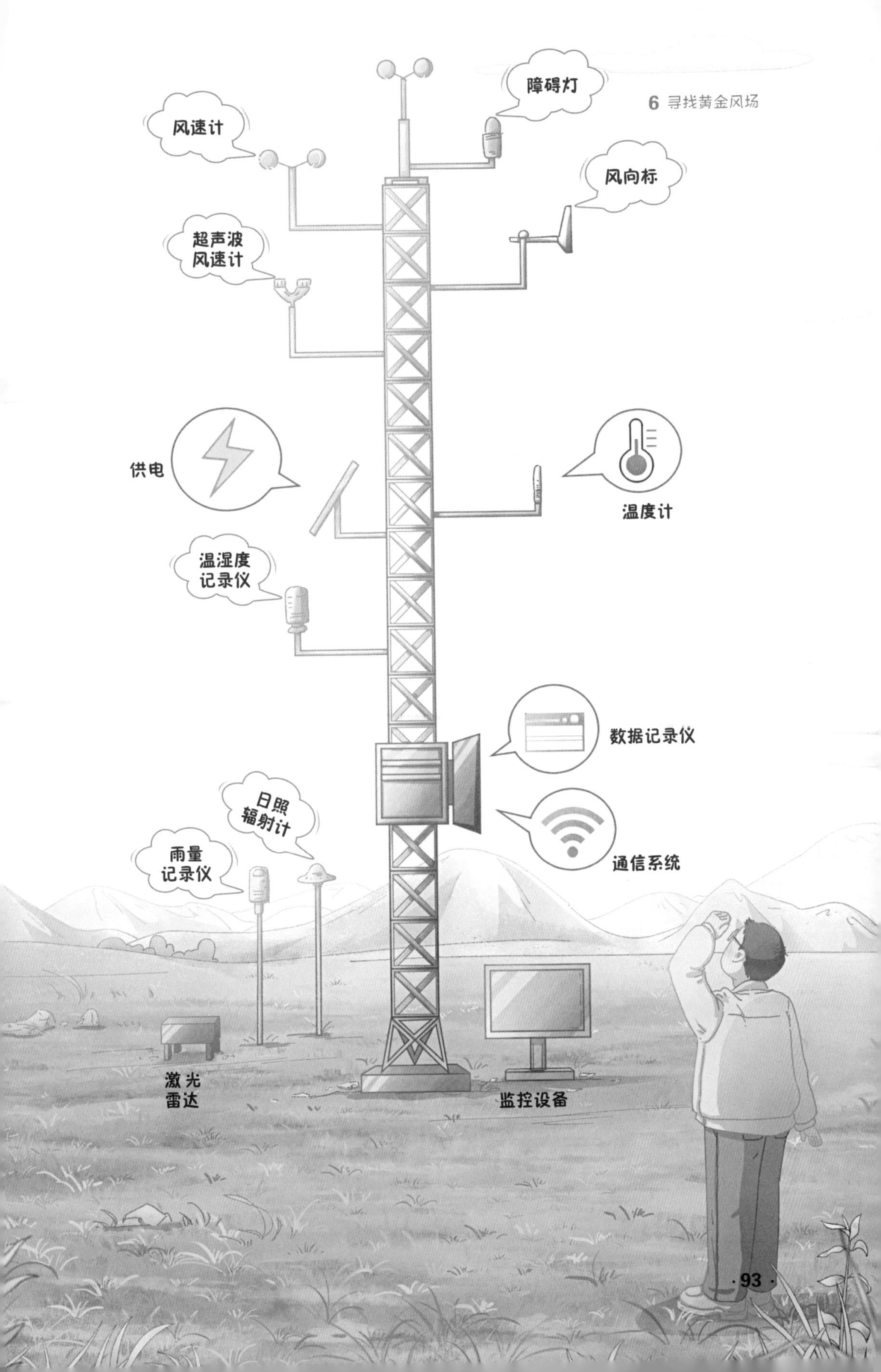

风速计
障碍灯
风向标
超声波风速计
供电
温度计
温湿度记录仪
数据记录仪
日照辐射计
雨量记录仪
通信系统
激光雷达
监控设备

测风塔的要求

测风塔应具备结构安全、稳定、轻便，易于运输、安装及维护，以及防腐、防雷电等特点。

风电场基本（主）测风塔的高度应不低于今后风电场拟安装风力发电机组的轮毂高度；塔上应悬挂“请勿攀爬”等明显的安全警示标志。

测风塔应能抗击当地最大阵风冲击，以及 10～20 年一遇的自然灾害（如暴雨、洪水、泥石流、凝冻结冰等）。

对于有结冰凝冻气候现象的风电场，在测风塔设计、制作时应予以特别考虑。

测风塔的形式可根据风电场的自然条件和交通运输条件，选用桁架式拉线塔、圆筒式拉线塔、桁架式自立塔中的一种，以满足测风要求为原则。

测风塔的接地电阻应尽量满足规范要求（小于 4 欧姆），若接地确有困难，可适当放宽其接地电阻要求；对于多雷暴地区，测风塔的接地电阻应引起高度重视。

7 等风来

追风人

站在空无一人的旷野
闭上眼睛
有风轻抚面颊

我，驻足，用心
感知它的温度
轻嗅它的味道
描绘它的形状
还有，它掠过我时的心情

如果，我是说如果
风会说话
它会以怎样的语气
诉说自己的过往

你告诉我
要启程了
迎着风来的方向
只因，我是

追风的人